消防安全要知道丛书

消防器材要知道

侯延勇　著

青海人民出版社

·西宁·

图书在版编目（CIP）数据

消防器材要知道 / 侯延勇著 . -- 西宁 : 青海人民出版社，2024.8
（消防安全要知道丛书）
ISBN 978-7-225-06730-8

Ⅰ . ①消… Ⅱ . ①侯… Ⅲ . ①消防设备 Ⅳ . ① TU998.13

中国国家版本馆 CIP 数据核字 (2024) 第 096425 号

消防安全要知道丛书

消防器材要知道

侯延勇　著

出 版 人　樊原成

出版发行　青海人民出版社有限责任公司
西宁市五四西路 71 号　邮政编码：810023　电话：（0971）6143426（总编室）

发行热线　（0971）6143516/6137730

网　　址　http://www.qhrmcbs.com

印　　刷　西安五星印刷有限公司

经　　销　新华书店

开　　本　890mm × 1240mm　1/32

印　　张　2.875

字　　数　44 千

版　　次　2024 年 8 月第 1 版　2024 年 8 月第 1 次印刷

书　　号　ISBN 978-7-225-06730-8

定　　价　20.00 元

目 录

第一章 消防设施和消防器材要知道 **001**
一、定义和分类 001
二、灭火类消防器材 004
三、报警类消防器材 008

第二章 消防系统要知道 **011**
一、消防控制室 011
二、火灾报警系统 013
三、消防应急疏散系统 018
四、防火卷帘门 022
五、排烟系统和加压送风系统 023
六、消防栓系统 025
七、消防喷淋（花洒）系统 026
八、悬挂式自动干粉灭火系统 029

第三章 常用消防器材要知道 **030**
一、熟练使用消防器材是现代人应有的素质 031
二、消防栓 032
三、灭火毯 039

四、过滤式自救呼吸器 042
五、机动车排气管阻火器 045

第四章 灭火器要知道 046
一、灭火器 046
二、干粉灭火器 050
三、二氧化碳灭火器 055
四、（化学）泡沫灭火器 059
五、水基型水雾灭火器 062
六、简易式灭火器 066
七、气溶胶灭火器 068

第五章 消防器材的配置 071
一、消防器材配置的一般原则 071
二、灭火器的选择 073
三、消防器材的摆放要求 076
四、灭火器配置的一般原则 078

第六章 消防器材的管理 080
一、消防器材的管理要点 080
二、灭火器的日常检查要点 082
三、灭火器的定期检查方法 084
四、灭火器的报废年限 087

第一章　消防设施和消防器材要知道

一、定义和分类

（一）定义

《中华人民共和国消防法》所定义的消防设施包括：火灾自动报警系统、自动灭火系统、消火栓系统、防烟排烟系统以及应急广播和应急照明、安全疏散设施等。

消防器材是消防设施的重要组成之一：消防器材一般指用于防火、灭火及处理火灾事故的专用器材。

（二）分类

消防器材一般分为灭火和报警两个大类。

（三）消防器材主要包括

消防器材（具体器材及相关配件）主要包括：灭火器、消防栓、消防破拆工具、灭火器箱、消防水带、消防水枪、消防斧、消防水炮、消防隔热服、消防警铃、消防检测仪器、消防梯、消防过滤式呼吸器、消防防火毯、消防标牌、消防警报器、烟感探测器、温感探测器、消防应急灯、消防指示灯、安全出口指示灯、消防战斗服、正压式空气呼吸器、耐火救生绳、太平斧、安全头盔、消防胶靴、对讲机、电筒、高频口哨、空气充填泵、消防泵、水带接口、防火门、管材管件、钢管、电线电缆等。

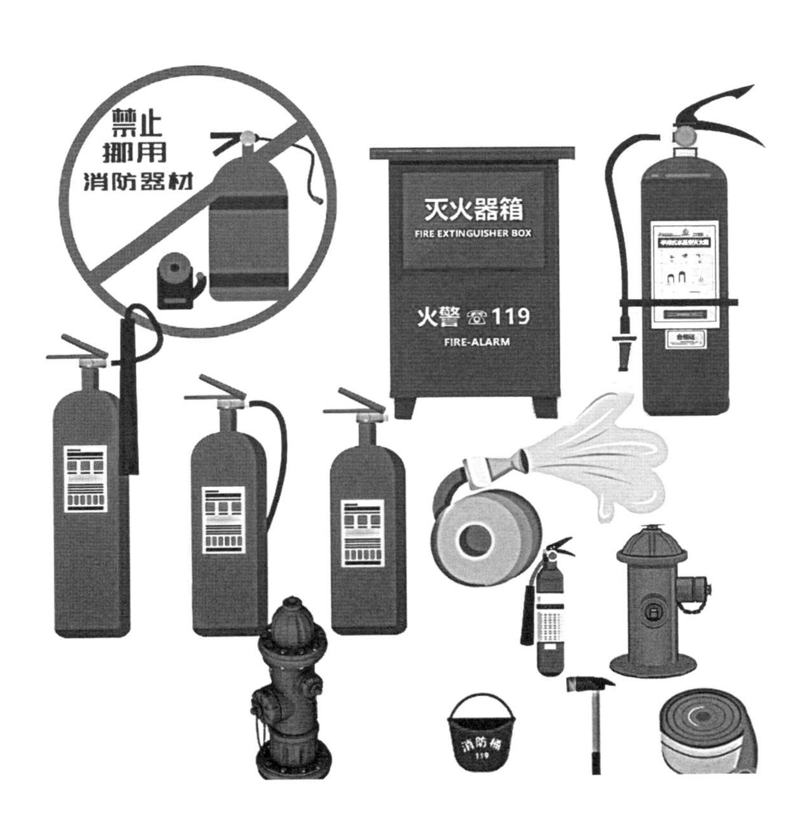
禁止
挪用
消防器材
灭火器箱
FIRE EXTINGUISHER BOX
火警 ☏119
FIRE-ALARM
消防桶
119

二、灭火类消防器材

灭火类消防器材主要包括：灭火器、消火栓、破拆工具以及消防系统相关配置等。

（一）灭火器

灭火器是一种可由人力移动的轻便消防灭火器具，它能在其内部压力作用下，将所充装的灭火剂喷出，用来扑救火灾。

灭火器种类繁多，其适用范围也有所不同，只有正确选择灭火器的类型，才能有效地扑救不同种类的火灾，达到预期的效果。我国现行的国家标准将灭火器分为手提式灭火器和推车式灭火器。

（二）常见灭火器类型

干粉灭火器、二氧化碳灭火器、1211 灭火器 、酸碱泡沫灭火器 、水基型灭火器 、机械泡沫灭火器 ，家用灭火器，汽车灭火器，森林灭火器，不锈钢灭火器，其他灭火器具等。

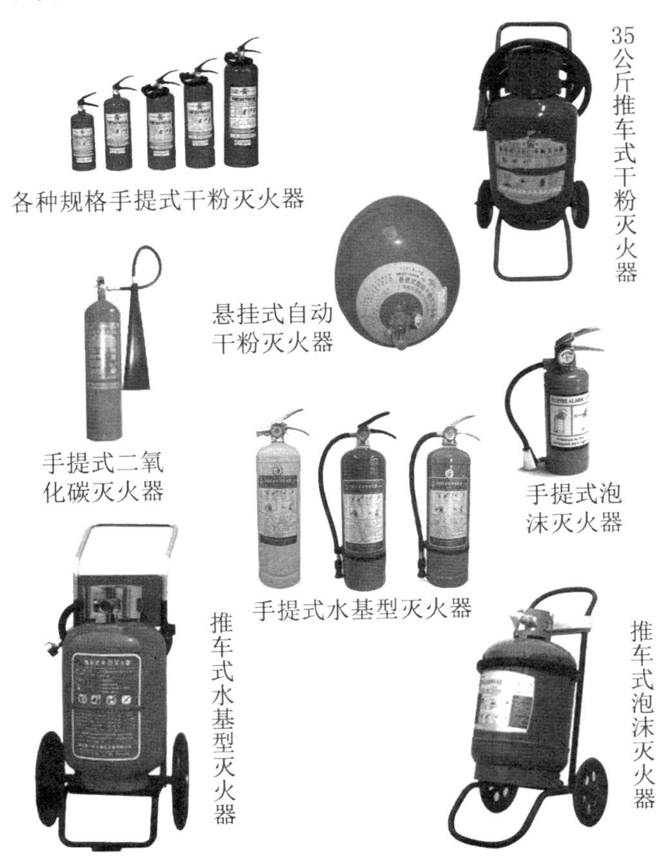

几种常见的灭火器

（三）消防栓系统

室内消防栓系统，包括室内消防栓、水带、水枪。室外消防栓系统，包括地上和地下两大类。室外消防栓在大型石化消防设施中使用得比较广泛，由于不同地区的安装条件、使用场地不同，石化消防栓系统已多数采用稳高压水系统，消防栓也由普通型渐渐转化为可调压型消防栓。

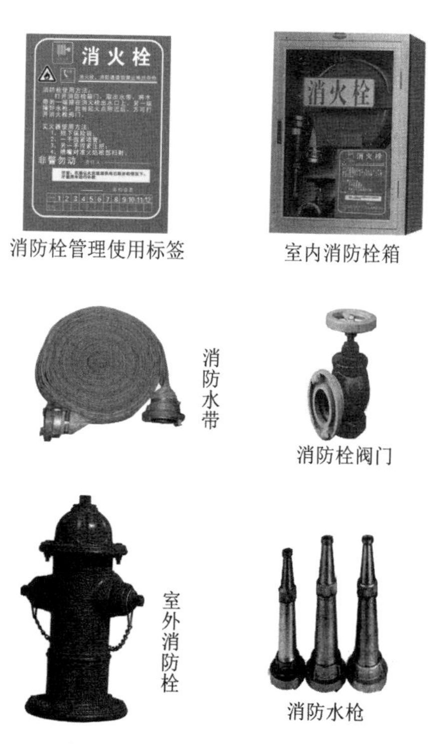

消防栓管理使用标签　室内消防栓箱

消防水带　消防栓阀门

室外消防栓　消防水枪

消防栓（及配套设备）

（四）破拆工具类

包括消防斧、切割工具等。

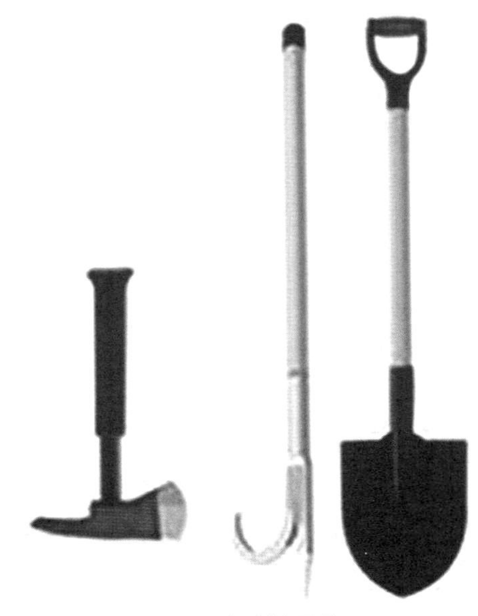

手动破拆工具

（五）其他类

火灾自动报警系统、自动喷水灭火系统、防排烟系统、防火分隔系统、消防广播系统、气体灭火系统、应急疏散系统等。

三、报警类消防器材

（一）火灾探测器

火灾探测器具体包括：温感探测器、烟感探测器、复合式烟感温感探测器、可燃气体探测器、红外火焰探测器等。

烟感和温感探测器

保护对象是工业与民用建筑和场所。主要应用于高层旅馆、商业楼营业厅、办公楼及面积较大的多层高级旅馆、百货楼、展览楼，及其他公共场所如娱乐场所、电子设备房等。

（二）火灾自动报警

一旦发生火灾，火灾探测器会即时接收到燃烧产生的烟、温、光等信息，立即触发报警信号传递至消防控制中心，控制中心火灾警报装置发出警报，提醒人们安全疏散和灭火救灾，同时启动相关消防灭火设备进行灭火。

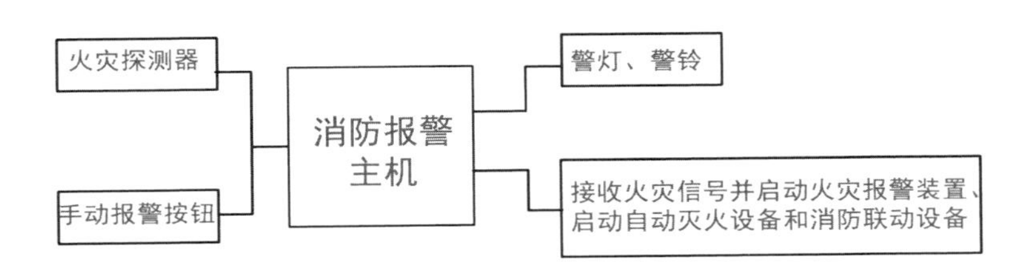

火警自动报警系统流程图

（三）火灾手动报警（报警按钮）

报警按钮包括手动火灾报警按钮、消火栓报警按钮。

1. 手动火灾报警按钮

手动火灾报警按钮是一种人工报警触发器具。一般有三种形式：吸盘复位型、使用钥匙复位型和更换有机玻璃进行复位型。

火灾报警按钮

2. 消防栓报警按钮

当发生火灾时，按下按钮，消防警铃就会发出火警警报，同时启动自动消防栓水泵。

（四）报警器

火灾报警器包括火灾声报警器、火灾光报警器、火灾声光报警器。

当发生火灾时，按下手动报警按钮，消防报警器就会发出火灾警报，提醒人们发生火灾。

第二章　消防系统要知道

一、消防控制室

（一）消防控制室的作用

消防控制室是设有火灾自动报警控制设备和消防控制设备，用于接收、显示、处理火灾报警信号，控制相关消防设施的专门处所。

（二）消防控制室中配置的主要消防设备

消防控制室中配置的消防设备应包括火灾报警控制器、消防联动控制器、消防控制室图形显示装置、消防应急广播控制装置、消防应急照明和疏散指示系统控制装置，以及消防电源监控器等设备或具有相应功能的组合设备，用于火灾报警的外线电话。

（三）消防控制室“四快”处置规程与 24 小时值班制度

接到火灾报警信息后，值班人员应按照“简捷、实战、高效”的原则，实现“快确认、快调集、快启动、快疏散”。

1. 快确认：通过火灾自动报警系统确认火情；通知报警点位就近安保人员 1 分钟内到场确认，形成首批灭火力量；通过视频监控系统同步确认火情。

2. 快调集：拨打 119 火警电话报警；调集本单位应急处置力量携带器材装备在 3 分钟内到场处置，形成第二批灭火力量。

3. 快启动：启动消防设施，确认报警区域消火栓、自动灭火系统、应急照明、防排烟设施、防火卷帘等自动消防设施处于启动状态。

4. 快疏散：启动灭火和应急疏散预案，并报告单位负责人，利用消防广播和视频监控系统，配合现场救援力量引导人员快速有序疏散。

同时，消防控制室实行 24 小时值班制度，确保任何时候都有值班人员。

二、火灾报警系统

（一）系统组成

火灾自动报警系统一般由火灾探测器和手动火灾报警按钮等触发装置、消防控制设备、火灾警报装置、电源四部分组成。

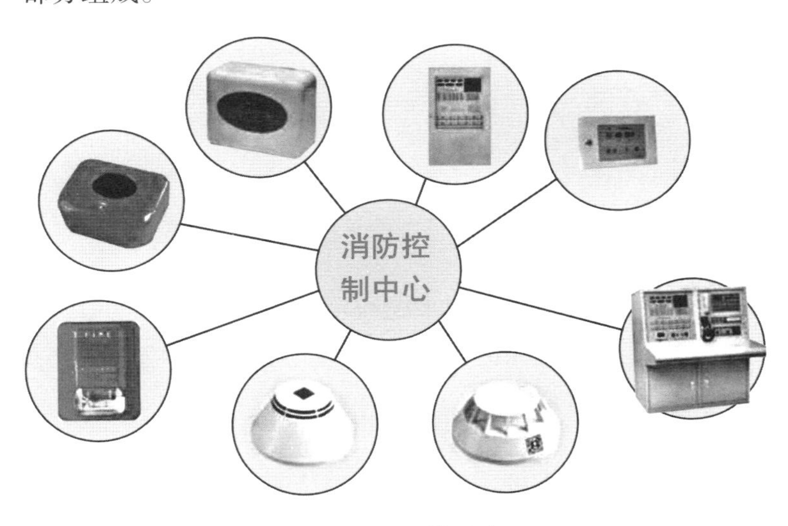

火灾自动报警系统

（二）系统运行程序

火情发生，火灾探测器接受燃烧产生的烟、温、光等信息而触发，同步将火灾报警信号传递至消防控制中心，消防控制中心控制火灾警报装置发出区别于环境的声、光等火灾警报信号提示人们发生火灾，需要立即组织扑救并组织人们安全疏散。同时，消防控制器自动或由有关人员手动启动相关消防控制设备，以达到早期发现火情、通报火情并及时控制和扑灭火灾的目的。

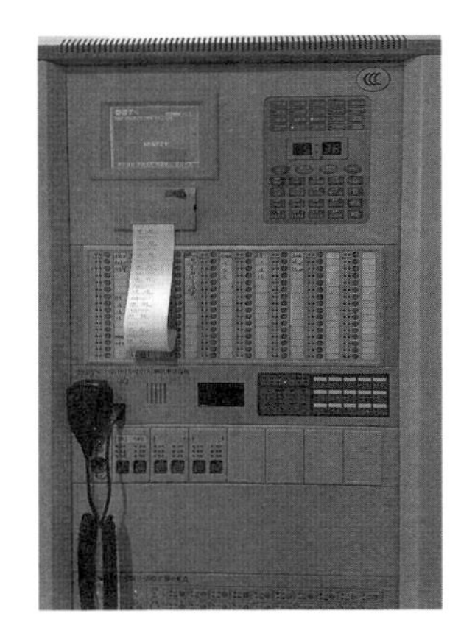

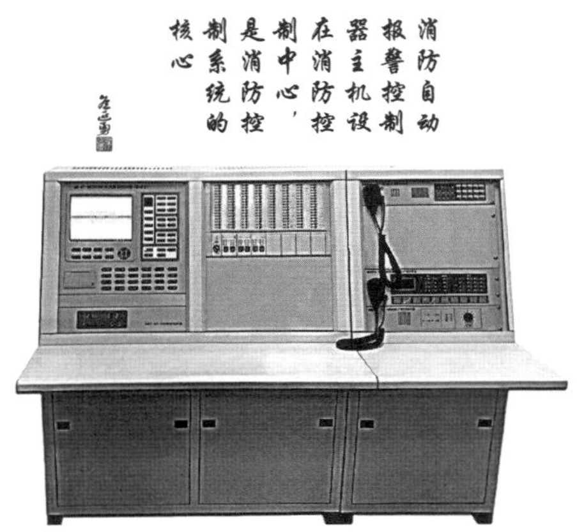

（三）烟感探测器

1. 当空气中烟的浓度达到触发值时，烟感报警器就会自动向值班室的火灾报警控制器发出警报，火灾报警控制器显示屏同步显示火情位置、记录存储火警记录，同时，消防警铃响起。

名称：烟感探测器

规格：圆锥型

配置要求：

1 个 /50~60 平方米

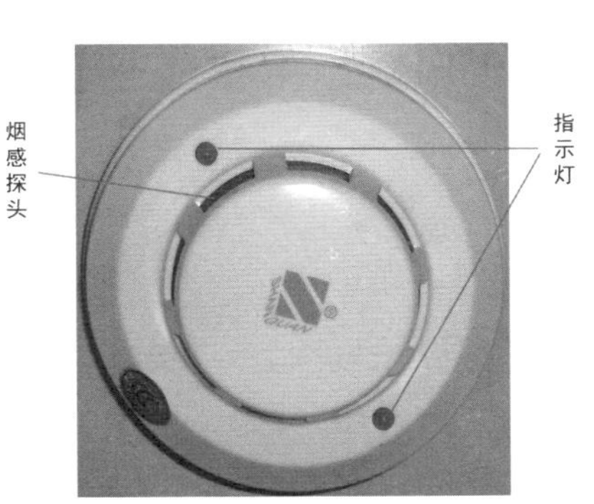

烟感探测器

2. 值班人员首先通知安保人员赶赴报警位置进行观察，同时与该楼层人员取得联系，通报信息并了解情况。

3. 若为火险，立即按照灭火预案处理。若为误报，请安保人员将区域报警器进行复位，然后将值班室内的集中报警控制器复位。

（四）温感探测器

当某处环境温度达到摄氏 68 度时，温感探测器就会自动触发报警，并在值班室的火灾

温度异常的位置信息。

名称：温感探测器

规格：圆锥型

配置要求：1 个 /50~60 平方米

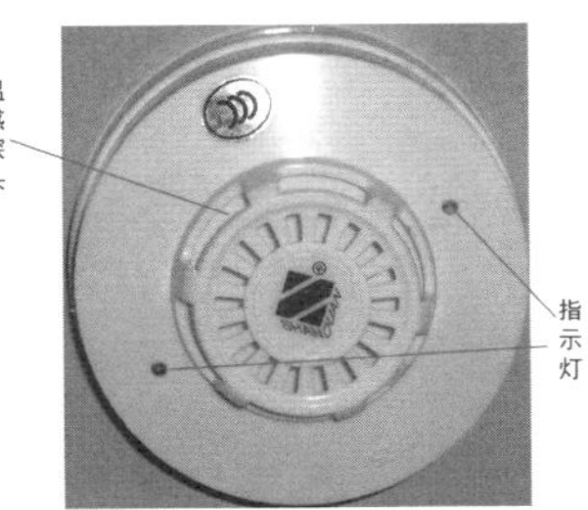

温感探测器

（五）手动火灾报警按钮设置和使用

1. 手动火灾报警按钮及设置要求

手动火灾报警按钮一般设置在疏散通道、出入口和疏散楼梯处等位置明显和便于操作的部位。

当采用壁挂方式安装时，其底边距离地面高度为 1.3 米至 1.5 米，且应该有明显的标志。从一个防火分区的任何部位到最邻近的一个手动火灾报警按钮的距离不大于 30 米。

手动火灾报警按钮一般设置在疏散通道、出入口和疏散楼梯处等明显和便于操作的部位

2 . 手动火灾报警按钮的使用

发现火情，按下紧急按钮，通过消防自动报警系统，自动启动消防警铃，发出警报。

设置位置：

手动火灾报警按钮一般设置在疏散通道、出入口和疏散楼梯处等位置明显和便于操作的部位。

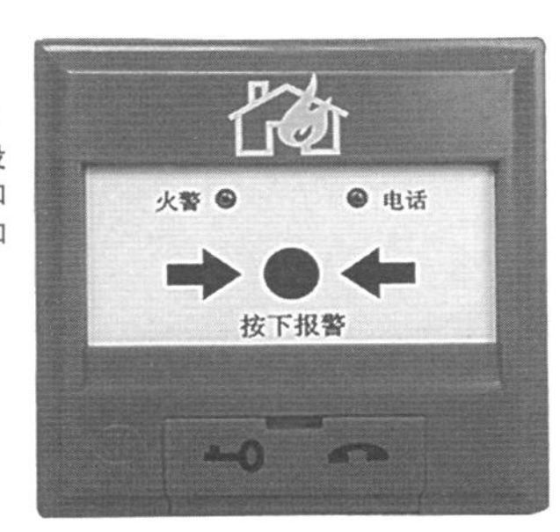

设置要求：

当采用壁挂方式安装时，其底边距离地面高度为1.3米至1.5米，且应有明显的标志。

从一个防火分区的任何部位到最邻近的一个手动火灾报警按钮的距离不大于30m。

启动报警方式：按下手动报警按钮 3~5 秒（最长不超过 10 秒），手动报警按钮上的火警确认灯会点亮，这个状态灯表示手动火灾报警控制器已经接收到了火警信号，并且确认了现场位置。

核实火情：控制室值班人员在第一时间通知安保人员前往现场确认火情。

三、消防应急疏散系统

（一）消防应急照明系统

消防应急灯是一种自动充电的照明灯，当发生火灾或停电时，消防应急灯会自动工作照明，指示人们安全通道和出口的位置。

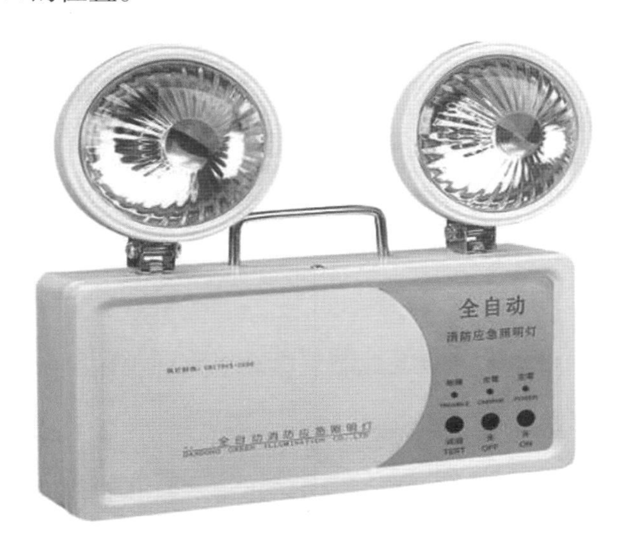

消防应急照明灯

名称：消防应急灯

规格：YD–127

配置要求：1 个 /6 米

（二）应急疏散标识

地面疏散标识主要用于在火灾发生时在黑暗场所自动发光，指示安全通道、安全门。包括自动充电的灯箱式指示牌和具有无限次在亮处吸光、暗处发光的荧光式消防指示牌，可挂、可贴。

地面疏散指示牌

名称：地面疏散指示牌

规格：15×30 厘米

配置要求：出入口、主通道，1 个 /8~10 米

空中紧急疏散指示牌和消防应急灯一样可自动充电。当发生火灾或停电时，紧急疏散指示牌会自动工作发光，指示安全通道和疏散出口的位置。

空中（悬挂式）紧急疏散指示牌

名称：空中紧急疏散指示牌

规格：15 × 30 厘米

配置要求：出入口、主通道，1 个 /8~10 米

（三）消防（逃生）安全门

消防（逃生）安全门是发生火灾时人们用来逃生用的紧急安全出口，平时严禁上锁和阻塞。

消防（逃生）安全门是发生火灾时人们用来逃生痛的紧急安全出口，平时严禁上锁和阻塞

四、防火卷帘门

（一）作用：当楼层发生火警时，根据失火方位及火情大小，根据需要及时降落相应的防火卷帘门对火情进行阻隔，防止火情蔓延。

（二）操作方式：值班员可以根据现场报告情况遥控降落防火卷帘门，就近人员也可击碎报警按钮降落防火卷帘门。若以上两种情况都不能降落（观察卷帘降落信号灯）时，可由消防维修人员打开锁匙开关强迫防火卷帘门降落。

防火卷帘门

五、排烟系统和加压送风系统

（一）消防排烟和加压送风系统的作用

在每层的排烟及加压风口处安装有风门，此风门的开启是受联动控制的（也可以现场手动控制）。一般情况下开启的数量为火灾层和上下相邻一层的楼层。

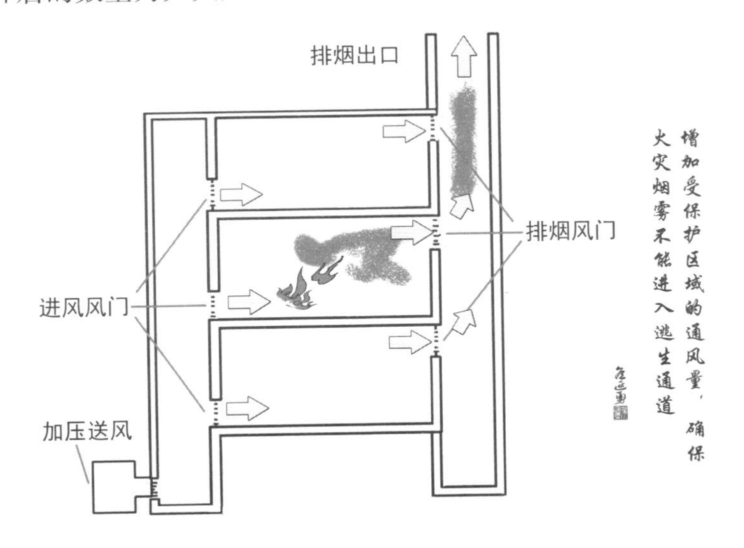

通过加压送风机和相应位置的风口共同作用，增加受保护区域的通风量，使得逃生通道和火灾区域之间形成空气压差，确保火灾烟雾不能进入逃生通道。

（二）消防排烟和加压送风系统的开启

1. 发生火灾时，消防值班人员遥控开启火灾层及其上下层的排烟阀，排烟风机启动，启动信号灯亮。

开启火灾层及其上下层的排烟阀，排烟风机启动

若开启失败，立即转入手动位置启动，通知现场人员就地打开该层的排烟阀。仍不能启动时，迅速派人到风机房内强行启动。

2. 根据火灾的位置，迅速打开相应的加压风机为疏散逃生通道加压送风，启动信号灯亮。

若开启失败，可迅速派人到风机房进行手动开启。

六、消防栓系统

消防栓系统是建筑物扑救火灾的主要设备之一。当进行该系统操作时，要时刻注意该系统的启动信号。

名称：消防栓

规格：65×45 厘米

配置：水带 1 条、水枪 1 个

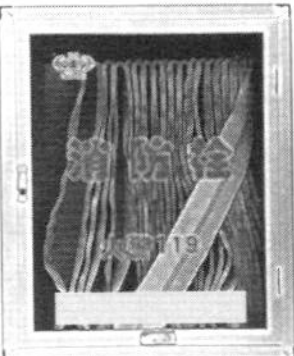

消防栓箱

消防栓管理使用标签

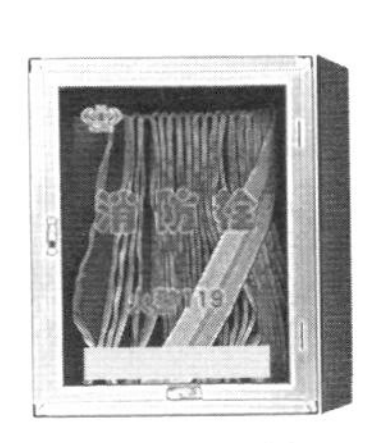

室内消防栓箱

消防水带

消防栓阀门

室外消防栓

消防水枪

消防栓系统

七、消防喷淋（花洒）系统

（一）当发生火情，失火部位温度达到68℃时，感温探测的热敏玻璃管就会自动爆裂，该层的水流指示器开启，监控中心得到该层的报警信号，喷淋系统启动消防喷淋自动喷水灭火。

（二）值班员观察水位信号，水位降到下限，消防水泵自动启动，相应的启泵信号灯亮。若发现不能自动启泵，应立即转入手动位置启动消防水泵，仍不能启动时要速派人员到泵房强行启动。

名称：感温探测玻璃球喷头

配置要求：1个/6~7平方米

玻璃管

感温探测玻璃球喷头

（三）消防自动喷淋系统的关键触发部件就是这个喷头上的彩色玻璃管。

这个玻璃管由热敏玻璃制成。当场所环境的温度达到预设值（一般民用防火采用带红色玻璃管的喷头，设定触发温度值为68℃）时，喷头的玻璃管会因为受热爆裂而打开喷水。

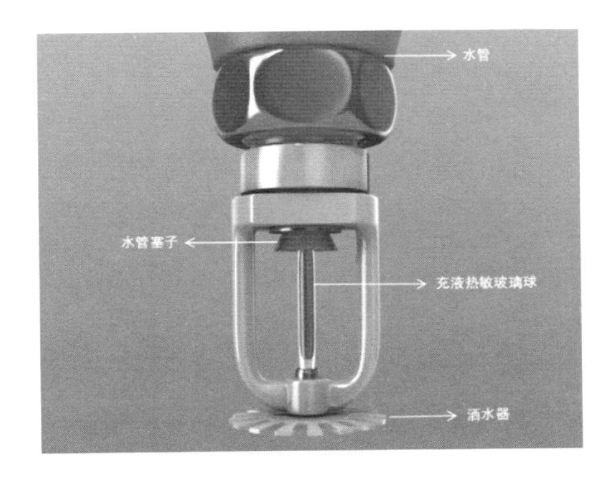

提醒：如果受到外力作用，喷头的玻璃管受到挤压或碰撞也会破裂，从而造成喷水。

（四）根据不同场所的不同需要，消防喷淋系统用于触发喷淋的热敏玻璃管，按照其触发温度的不同，分别采

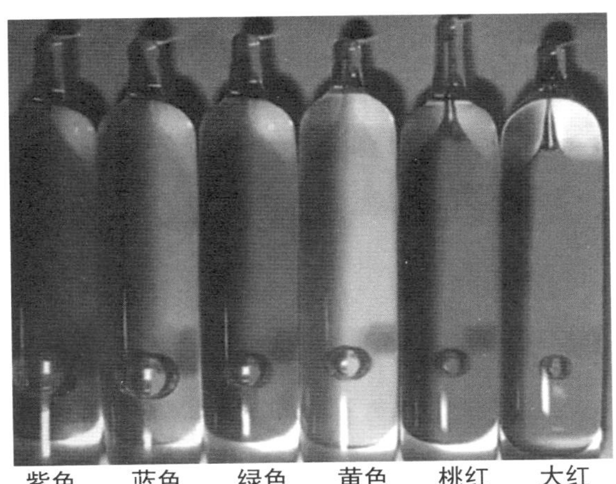

用不同的颜色来区分。

其代表的触发温度分别为：红色 68℃，黄色 79℃，绿色 93℃，蓝色 141℃，一般也就会使用到这几种，而带红色触发玻璃管的喷头通常是民用建筑中最常用到的。

八、悬挂式自动干粉灭火系统

悬挂式自动干粉灭火系统一般安装在易燃易爆的重点区域，如煤气房等。内装有一定重量的干粉灭火剂，当温度达到68℃时，感温探测的玻璃管就会爆裂，灭火器会自动喷出干粉进行灭火。

名称：悬挂式干粉灭火装置

规格：XZFTBL-4/6/8/10 千克

配置要求：1 个 / 煤气房

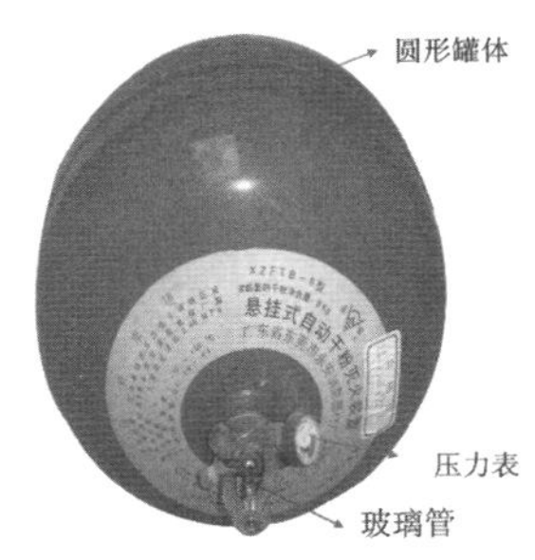

悬挂式自动干粉灭火装置

第三章　常用消防器材要知道

一般常见的消防器材主要就是消防栓和灭火器。

常见消防器材

一、熟练使用消防器材是现代人应有的素质

（一）学会使用常见消防器材意义重大

作为一个普通公民，掌握常见消防器材的一般结构、适用范围，能熟练并正确地使用常见消防器材，是社会文明进步的一个重要标志，对个人、家庭和社会消防安全具有重要意义。

（二）消防器材不允许随便挪用

只有以下情况下才可以使用消防器材：

1. 发生火灾的情况下。

2. 消防演习的情况下。

3. 进行消防设施器材检查的情况下。

4. 进行消防器材维护保养的情况下。

严禁随意挪用消防器材

二、消防栓

消防栓有时又被称为消火栓。

（一）室内消防栓供水系统

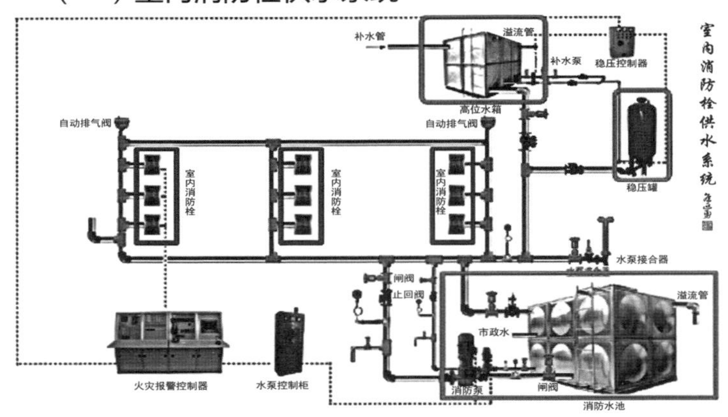

（二）消防栓的分类和应用

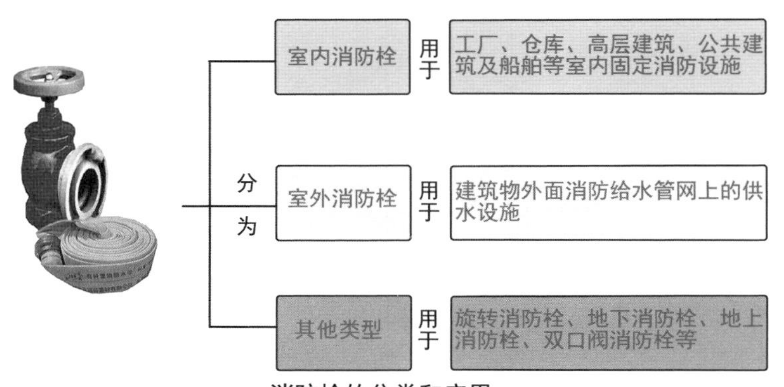

消防栓的分类和应用

（三）消防栓箱的结构

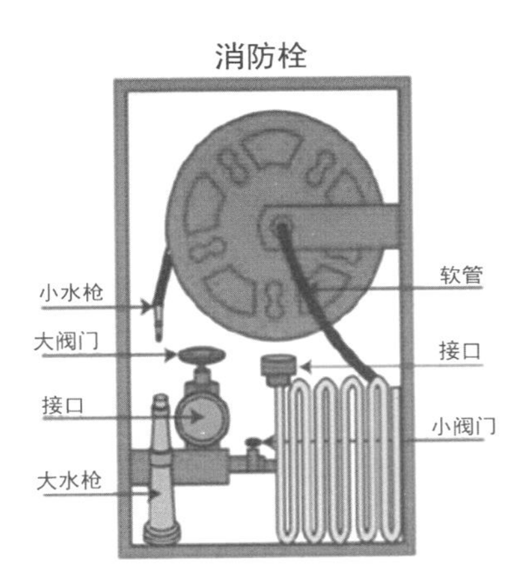

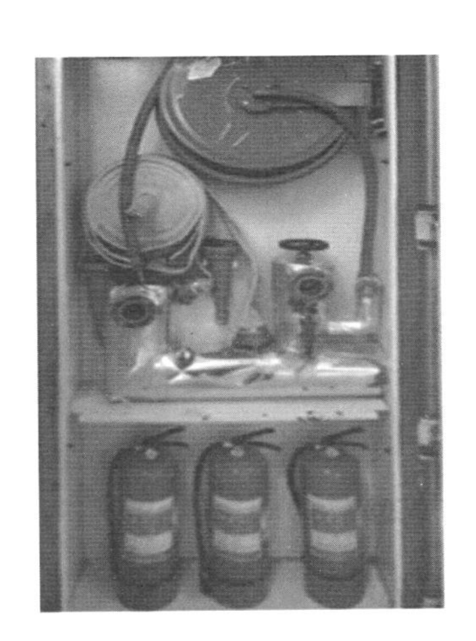

（四）室内消防栓和室外消防栓

消防栓分为室内消防栓和室外消防栓

（五）消防栓报警按钮

室内消防栓报警按钮设置在消防栓箱内。

当发生火情，灭火人员按下消防栓报警按钮，火灾信息会立即传送至消防控制中心，消防警铃会发出火警警报；同时，自动启动消防栓水泵，启泵信号灯亮。

消防栓报警按钮

名称：消防栓报警按钮

配置要求：1 个 / 消防栓

（六）消防栓警铃

按下手动报警按钮，消防警铃就会发出火警警报，提醒人们发生火灾。

名称：消防警铃

配置要求：1 个 / 消防栓

消防警铃

（七）消防水带

消防水带设置于消防栓箱内，是用于连接消防栓出水口至起火点的灭火供水通道。

消防水带在展开铺设时应避免压叠，以确保灭火的水压，还应避免扭转，以防止充水后水带转动面使内扣式水带接口脱开。充水后应避免在地面上强行拖拉，需要改变位置时要尽量抬起移动，以减少水带与地面的磨损。

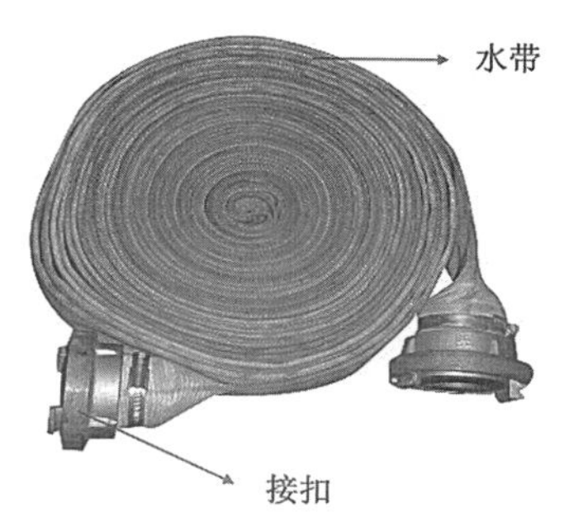

消防水带

有衬里消防水带

名称：消防水带

规格：25 米 / 条

配置要求：1 条 / 消防栓

（八）消防水枪

消防水枪设置在消防栓箱内。发生火情时可直接与水带接扣连接使用。

名称：消防水枪

规格：19 毫米密集直流

配置要求：1 个 / 消防栓

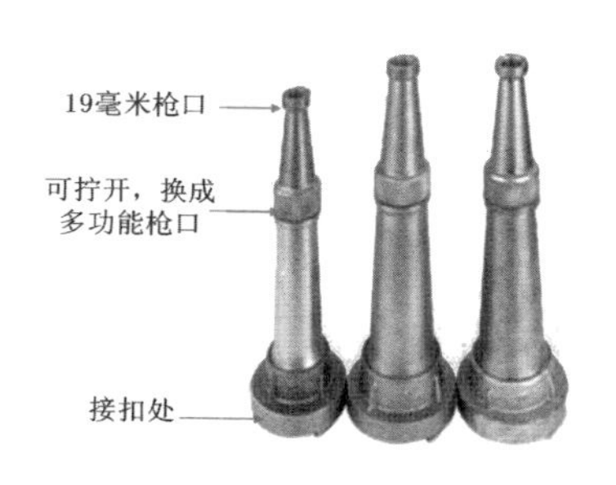

（九）消防栓使用方法

发现火情，在楼梯间或过道处找到消防栓箱。

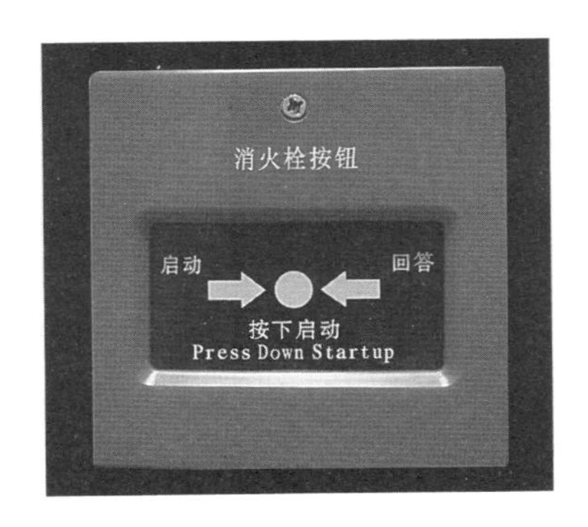

按下消防栓报警按钮，向消防控制中心、向周围人员报警，同时启动消防栓水泵

1．打开消防栓箱门；

2．按下手动报警按钮；

3．取出水带并展开，一头连接在出水接口上，另一端接上水枪；

4．快速拉取水带至起火地点；

5．同时缓慢开启球阀开关（严禁快速开启，防止造成水锤现象）；

6．紧握水枪，对准火源根部喷射灭火；

7．火灾扑灭后，必须把消防水带打开晒干水分，并经过检查确认没有破损后，按规定方式收回到消防栓箱内；

8．水枪严禁对人喷射，避免高压伤人。

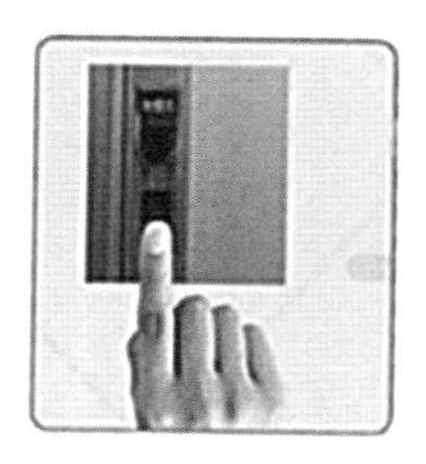

打开箱门，按下消防栓报警按钮

取出消防水带，展开

水带一头接在消防栓接口上

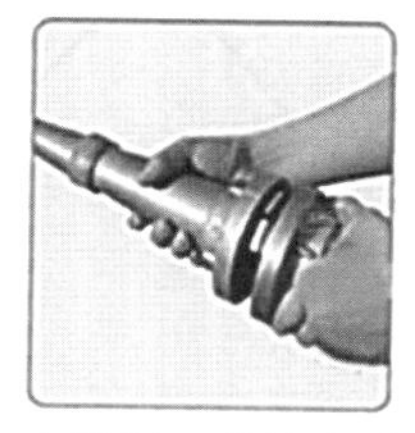

水带另一头接上消防水枪

逆时针方向轻缓打开消防栓阀门

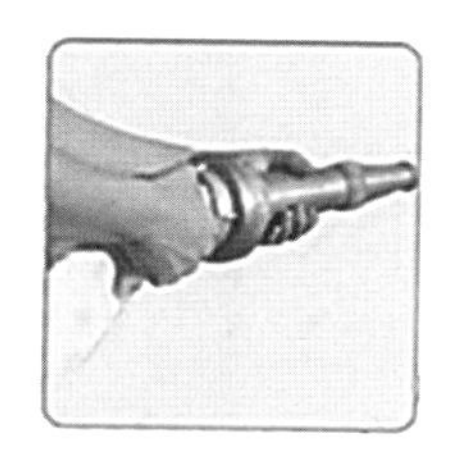

对准燃烧点火源根部喷射灭火

消防栓操作要领

（十）消防自救水喉

消防自救水喉又称小水枪，平常盘放在消防栓箱内的轮盘上，实际上就是一根一端连接消防栓水源，另一端带有开关龙头的长水管。

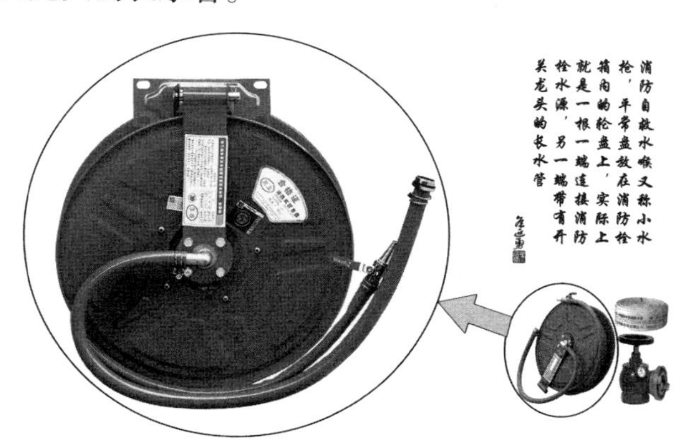

三、灭火毯

（一）灭火毯的材质

灭火毯是由玻璃纤维等材料经过特殊处理纺织而成的防火隔热工具，具有隔离热源及火焰的能力。可用于扑救初起火灾或油锅着火等火情，也可披覆在身上逃生。

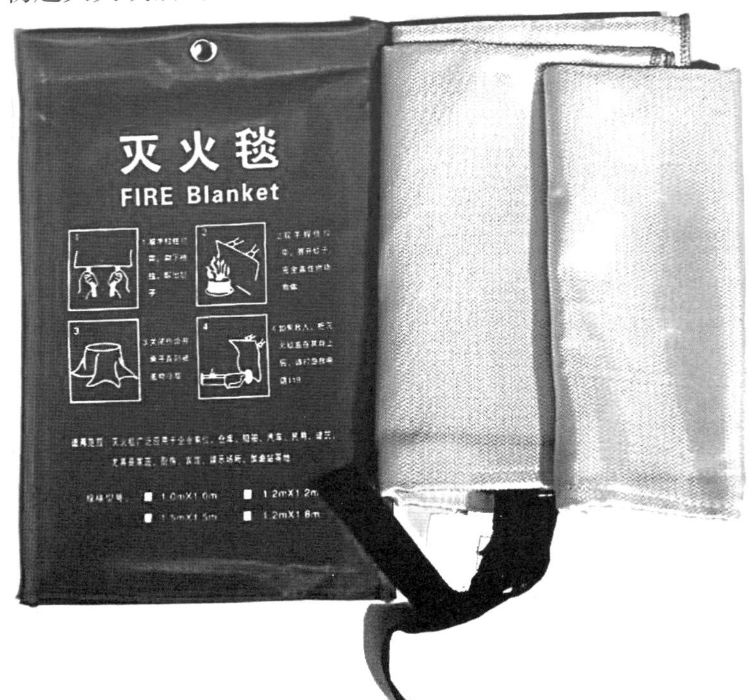

灭火毯图片

（二）灭火毯的灭火原理

灭火毯通过覆盖火源、阻隔空气达到灭火的目的。

适用于家庭和饭店的厨房、宾馆、娱乐场所、加油站等一些容易发生火情的场所，用于阻止火势蔓延以及防护逃生。

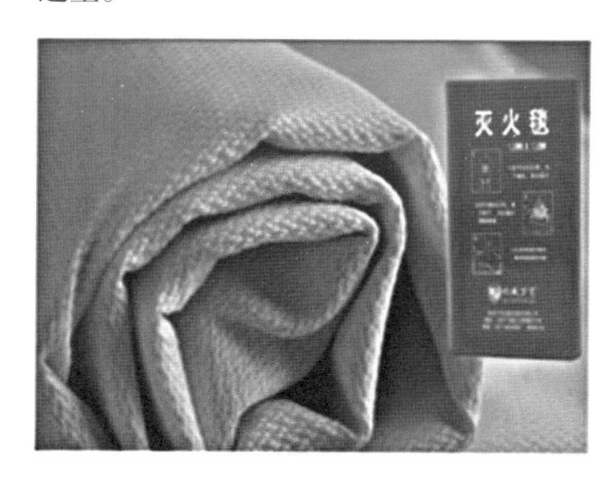

灭火原理

灭火毯通过覆盖火源、阻隔空气达到灭火的目的。

（三）灭火毯的分类

灭火毯的材质常见的有纯棉、石棉、玻璃纤维等种类，主要用于家庭和企业场所扑灭初起火灾。

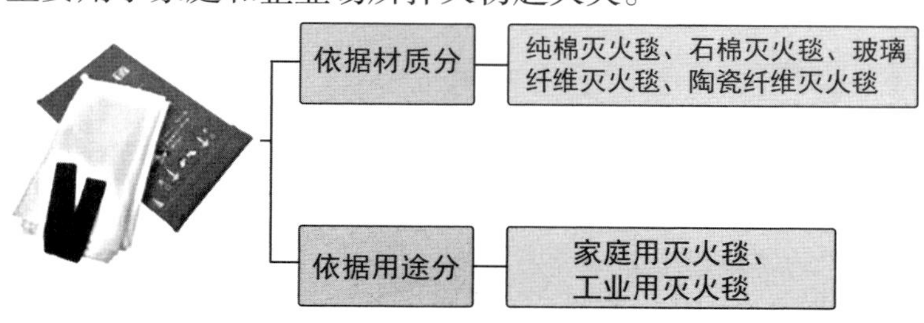

灭火毯的分类

（四）灭火毯的使用方法

灭火毯的使用简单方便，只需直接双手拉住带子扯下就会直接展开形成防护罩。

发现火情需要使用灭火毯时，迅速赶到灭火毯悬挂存放处，然后分别拉住灭火毯下方的两根带子拉下

1. 抓住灭火毯的两根拉带将灭火毯拉出

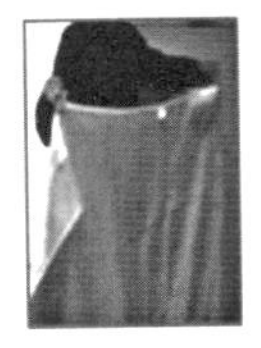

2. 双手快速抖开拿成盾牌状

3. 对准火源缓慢覆盖

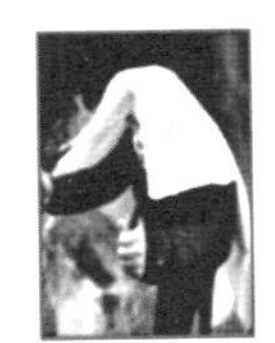

4. 也可以将灭火毯披裹在身上逃离火场

灭火毯的使用方法

四、过滤式自救呼吸器

消防过滤式自救呼吸器，又叫防烟防毒面具、火灾逃生面具。是一种保护人体呼吸器官不受外界高温及有毒有害气体伤害的专用保护器具。

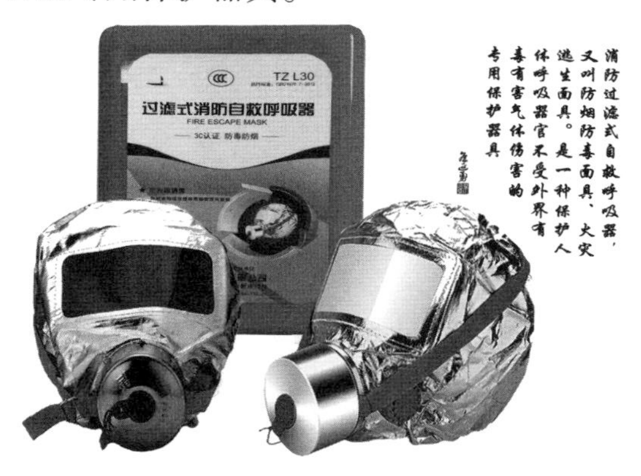

（一）过滤式自救呼吸器的结构

过滤式自救呼吸器主要由反光阻燃头罩、过滤装置、面罩、呼吸器阀等组成。

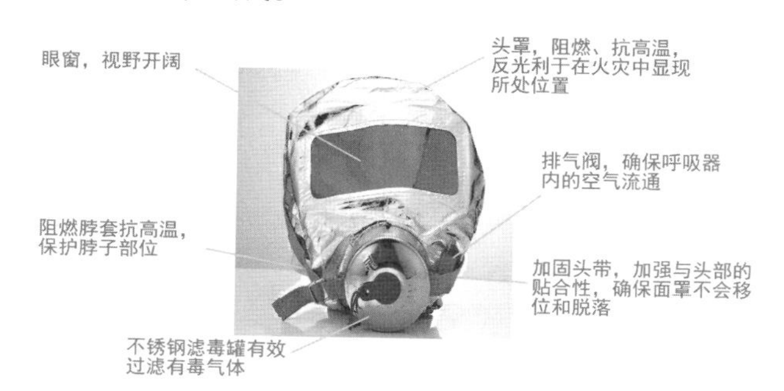

滤毒罐的内部结构

（二）过滤式自救呼吸器的使用方法

过滤式自救呼吸器的防毒时间不低于 35 分钟。

1. 打开盒盖，取出真空包装；

2. 撕开真空包装袋，拔掉滤毒罐前后两个红色橡胶塞；

3. 戴上头罩，拉紧头带；

4. 选择疏散标志指示的路径，果断逃生。

1．打开包装盒、撕开真空包装袋

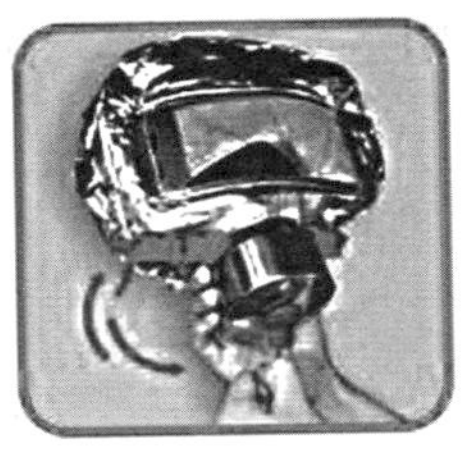

2．拔掉滤毒罐前孔后孔的两个红色橡胶塞

3．戴上头罩，向下拉至颈部，滤毒罐应置于鼻子的前面，拉紧头带妥当地包住头部

4．确保能够正常呼吸后，按照应急疏散标志指示的紧急出口路线低姿撤离

撤离时要注意四防

1．防烧伤烫伤
2．防坠物砸伤
3．防触电
4．防滑倒、防高处跌落

（三）注意事项

1．过滤式自救呼吸器仅供一次性防毒自救使用。

2．使用过程中，外界的有毒气体经过滤罐以后，吸入气体温度会有上升，此为正常现象，说明外界毒气浓度高，滤毒罐内的药剂正在通过滤毒反应向使用者提供清洁空气。这时绝对不可以取下呼吸器，在逃离险境后方可取下。

3．过滤式自救呼吸器的作用是滤除外部空气中的有毒物质，自身并不能提供氧气，因此，当火灾时空气中氧气浓度低于 17% 时不可使用。

4．过滤式自救呼吸器供成年人佩戴使用，儿童使用时需要成人提供帮助。

5．撕开包装盒盖的开启封条及包装袋，真空包装即已经被打开，密封无法恢复，表示此呼吸器已经被使用过。

五、机动车排气管阻火器

机动车排气管阻火器又名防火罩、火花熄灭器、火星熄灭器、阻火器等。是一种安装在机动车排气管后端，允许排气气流通过但能够有效阻止车辆尾气内携带的火焰和火星喷出的安全防火、阻火装置。

所有进入易燃易爆危险场所的机动车，必须按规定有效安装排气管阻火器。

安装在排气管后端，能够有效阻止车辆尾气内的火焰和火星喷出的安全防火阻火装置

机动车排气管阻火器及内部图

第四章　灭火器要知道

一、灭火器

灭火器是一种可由人力移动的轻便灭火器具，是防火救火的法宝。

使用时，在其内部压力作用下，将所充装的灭火剂喷出，用来扑救火灾。

（一）灭火器的命名规则

灭火器的名称中包含了几种字母，其含义如下：

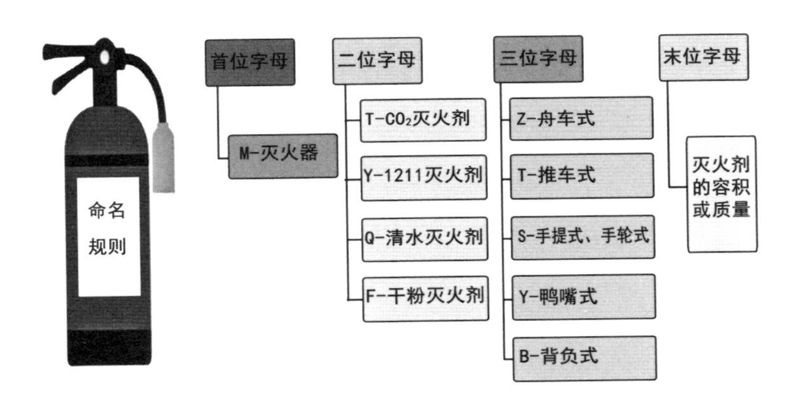

（二）手提式灭火器的分类

灭火器种类繁多，其适用范围也有所不同，只有正确选择灭火器的类型，才能达到有效防火灭火的目的。

1. 按其移动方式分为：手提式和推车式。

2. 按驱动灭火剂的动力来源可分为：储压式、储气瓶式、化学反应式。

3. 按所充装灭火剂分为：水基型、干粉、二氧化碳、泡沫、洁净气体等。

4. 按适用火灾类型分为：A 类、B 类、C 类、D 类、E 类、F 类。

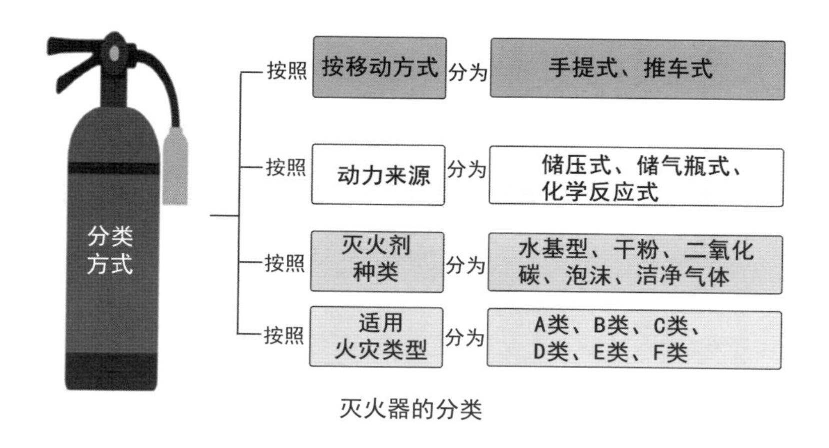

灭火器的分类

（三）手提式灭火器的构造

一般手提式灭火器是由筒体、器头、喷嘴等部件组成，借助驱动压力将所充装的灭火剂喷出，达到灭火的目的。

手提式灭火器由于结构简单、操作方便、轻便灵活、使用面广，是扑灭初起火灾的重要消防器材。

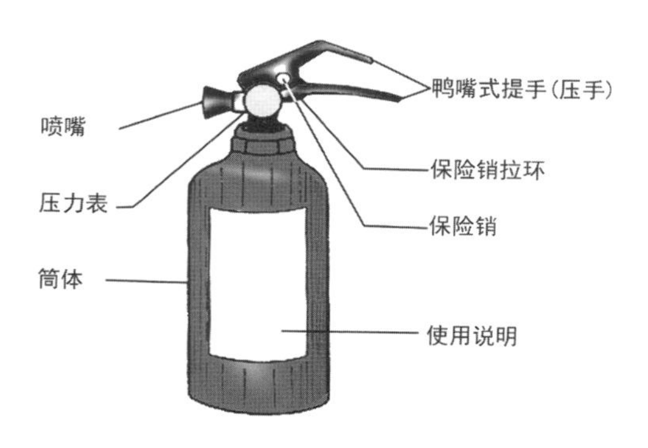

手提式灭火器的构造

（四）手提式灭火器使用的五字要诀

拔	——拔出保护铅封和保险销
握	——握紧喷嘴
瞄	——瞄准火源根部
压	——压下手把
扫	——扫射、推进，将火扑灭

二、干粉灭火器

干粉灭火剂能够迅速覆盖着火点，隔离空气，从而达到扑灭火灾的目的。

（一）干粉灭火器分类

常见的干粉灭火器包括手提式干粉灭火器、推车式干粉灭火器和背负式干粉灭火器。

充装的干粉灭火剂主要包括碳酸氢钠型和磷酸铵盐型。

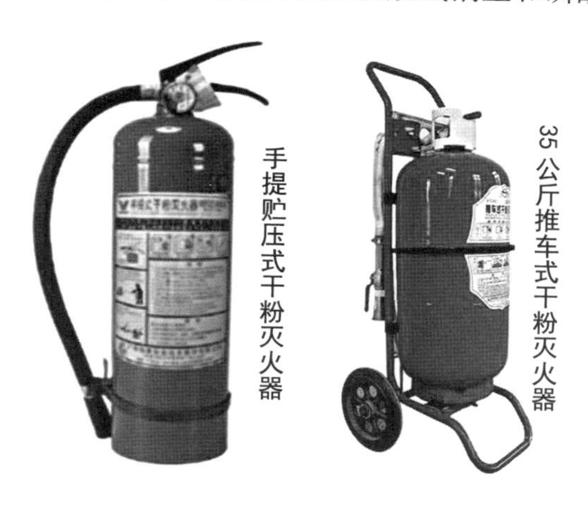

（二）干粉灭火器的适用范围

干粉灭火器适用于扑救石油及其制品、可燃液体、可燃气体、可燃固体物质的初起火灾，也可以扑灭电气设备的火灾。

碳酸氢钠型适用于扑救易燃、可燃液体、气体及带电设备的初起火灾。

磷酸铵盐型除可扑救上述类型火灾外，还可扑救固体物质火灾。

干粉的特点是灭火效率高、不导电、不腐蚀、毒性低、不溶化、不分解、可以长期保存，缺点是不能防止复燃。

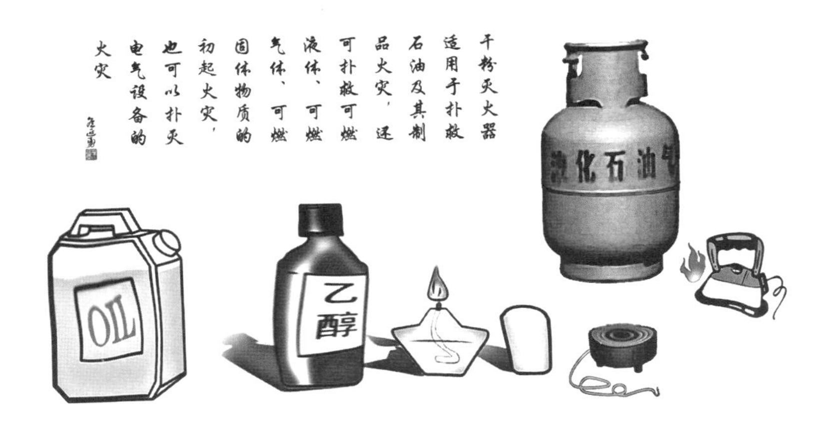

（三）干粉灭火器主要成分及工作原理

1. 灭火剂主要成分

干粉灭火剂主要包括碳酸氢钠和磷酸铵盐型。还包括扑救金属火灾的专用干粉化学灭火剂。

干粉灭火剂是由用于灭火的干燥且易于流动的微细粉末，以及具有灭火效能的无机盐和少量的添加剂，经干燥、粉碎、混合而成的细微固体粉末组成。

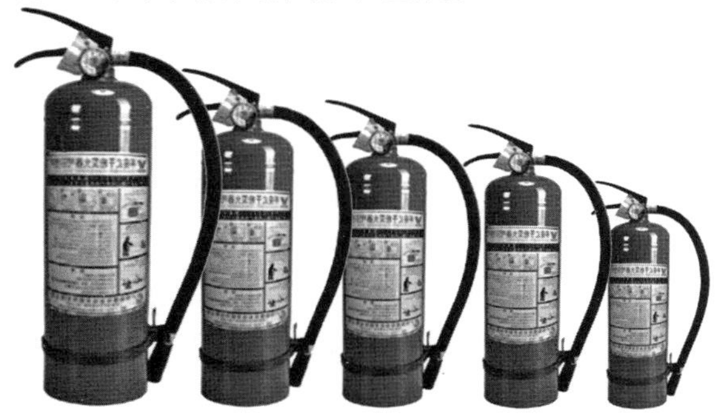

手提式干粉灭火器（各类型号）

2. 干粉灭火器的工作原理

干粉灭火器是利用二氧化碳或氮气做动力，在加压的二氧化碳或氮气的作用下，将干粉从喷嘴内喷出，形成一股雾状粉流，喷出的粉雾与火焰接触、混合，利用物理和化学作用灭火。

普通干粉又称 BC 干粉，用于扑救液体和气体火灾，对固体火灾则不适用。

多用干粉又称 ABC 干粉，可用于扑救固体、液体和气体火灾。

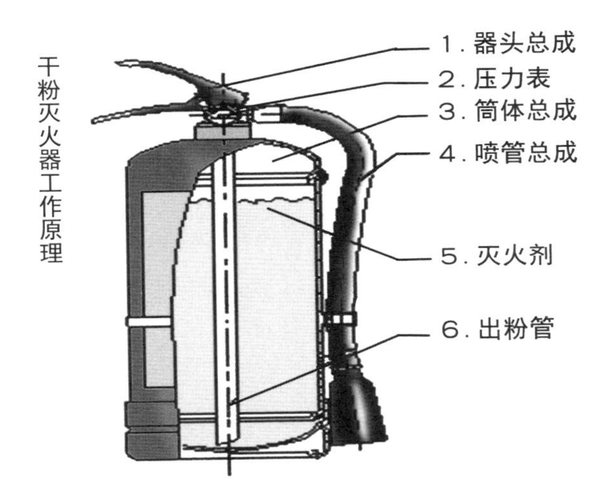

干粉灭火器工作原理

（四）干粉灭火器的结构

手提式干粉灭火器主要包括：提手、压把、铅封、保险销、压力表、喷射软管、筒身等部分。

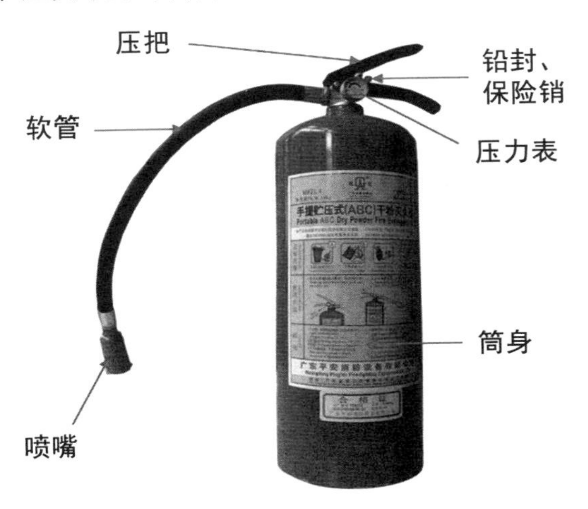

手提贮压式（ABC）干粉灭火器的结构

（五）推车式干粉灭火器

推车式干粉灭火器携带的灭火剂量大，主要配置于重点区域。

存放要求：干燥通风处，不可受潮或曝晒。

三、二氧化碳灭火器

二氧化碳灭火剂能够让可燃物的温度迅速降低，并与空气隔离，从而达到扑灭火灾的目的。

（一）常见二氧化碳灭火器的种类

人们平常多见的是手提式二氧化碳灭火器和推车式二氧化碳灭火器。

二氧化碳灭火器应存放于干燥通风处，防止冰冻和受潮，切勿接近热源，严禁曝晒。

二氧化碳灭火器系一次性使用。使用过后，必须重新充装。

二氧化碳灭火器

（二）适用范围（BCE类）

主要适用于扑救各种易燃物、可燃液体、可燃气体火灾，还可扑救贵重设备、仪器仪表、图书档案、工艺品和600伏以下电气设备及油类的初起火灾。

（三）主要成分、工作原理及使用方法

主要成分是二氧化碳灭火剂，价格低廉，获取、制备容易，其主要依靠窒息作用和部分冷却作用灭火。

在灌装时，将液态二氧化碳压缩在小钢瓶中，灭火时再将其喷出，有降温和隔绝空气的作用。

手提式二氧化碳灭火器的使用方法

1. 用右手握着提把至火灾现场
2. 除掉铅封
3. 拔掉保险销
4. 站在上风方向，距火源两米
5. 左手握住橡胶柄，右手压下压把
6. 对准火源根部喷射并不断推进，直至把火扑灭

（四）手提式二氧化碳灭火器的结构

手提式二氧化碳灭火器包括：提把、压把、橡胶柄、喷管、保险销和筒体等六个部分。

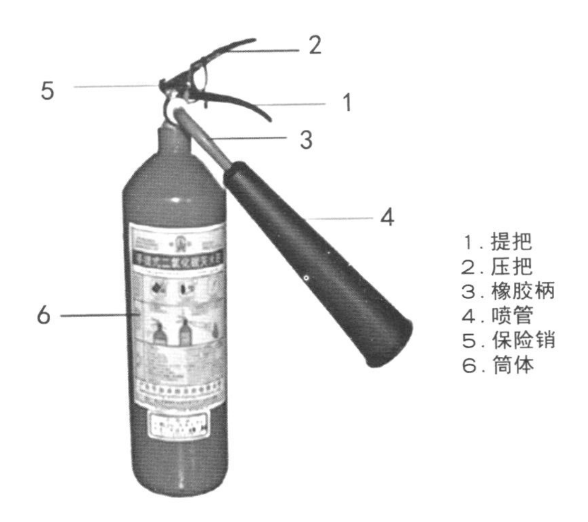

手提式二氧化碳灭火器的结构

（五）推车式二氧化碳灭火器

推车式二氧化碳灭火器具有携带灭火剂量大的特点，且配置车架和车轮，移动方便，适用于规模较大的场所。

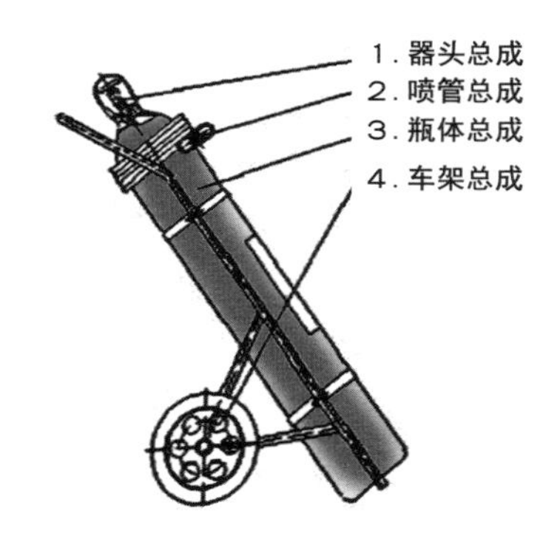

推车式二氧化碳灭火器的结构

四、（化学）泡沫灭火器

泡沫灭火剂产生的泡沫能够迅速覆盖着火点，隔离空气，从而达到扑灭火灾的目的。

（一）泡沫灭火器的分类

泡沫灭火器分为手提式泡沫灭火器、推车式泡沫灭火器和空气式泡沫灭火器。

推车式泡沫灭火器

手提式泡沫灭火器

（二）泡沫灭火器的适用范围

泡沫灭火器可用来扑救 A 类火灾，如木材、棉布、橡胶等固体物质燃烧的初起火灾。

最适宜扑救 B 类火灾，如汽油、柴油等液体物质燃烧引起的火灾。

不能扑救水溶性可燃、易燃液体的火灾，如醇、酯、醚、酮等物质和 E 类（带电体燃烧）火灾。

注意：使用泡沫灭火器扑救带电设备的火灾时，存在导致操作人员触电的危险。

（三）泡沫灭火器的存放及保养

泡沫灭火器应存放在干燥、阴凉、通风并取用方便之处。不可靠近高温或可能受到曝晒的地方。

冬季要采取防冻措施。要应经常除尘、疏通喷嘴使之保持通畅。

（四）泡沫灭火器主要成分及工作原理

泡沫灭火器内有内筒和外筒两个容器，分别盛放硫酸铝和碳酸氢钠溶液。当需要泡沫灭火时，打开开关使两种溶液混合在一起，两种物质反应会产生大量的二氧化碳气体。此外，灭火器中还加入了一些发泡剂，使泡沫灭火器在使用时能喷射出大量二氧化碳以及泡沫黏附在燃烧物品上，使着火燃烧物质与空气隔离，并降低温度，达到灭火的目的。

五、水基型水雾灭火器

水基型水雾灭火器喷出的水雾能够让可燃物的温度迅速降低，隔离空气，从而达到扑灭火灾的目的。

（一）主要成分

内部充入以水为基础的灭火剂，主要有碳氢表面活性剂、氟碳表面活性剂、阻燃剂等。

（二）灭火原理

1. 药剂在可燃物表面形成并扩展一层薄水膜，使可燃物与空气隔离，达到灭火的目的。

2. 经雾化喷嘴喷射出细水雾，漫布火场并吸收热量，迅速降低火场温度，同时降低燃烧区域空气中氧的浓度，防止复燃。

（三）适用范围

适合扑救 A 类、B 类、C 类、E 类、F 类火灾。即除可燃金属起火外的全部火灾都可以扑救。

（四）主要优点

1．水基型水雾灭火器受环境影响较小，灭火剂可以最大限度地作用于燃烧物表面。

2．瓶身颜色有红、黄、绿三色可以选择。手提式水基型水雾灭火器的瓶身顶端与底端还有纳米高分子材料，可在夜间发光，以便在晚上起火时第一时间找到灭火器。

3．绿色环保。灭火后药剂可 100% 生物降解，不会对周围设备、空间造成污染。

4．高效阻燃，抗复燃性强。

5．灭火速度快，渗透性极强。

手提式水基型水雾灭火器

（五）水基型水雾灭火器的检查和维护保养

1. 灭火器存放地点温度应在 0℃以上，以防气温过低而冻结。

2. 灭火器应放置在通风、干燥、清洁的地点，以防喷嘴堵塞以及因受潮或受化学腐蚀药品的影响而发生锈蚀。

3. 外观检查，内容如下：

检查灭火器的喷嘴是否畅通，如有堵塞应及时疏通。

检查灭火器的压力表指针是否在绿色区域，如显示压力不足，应查明压力不足的原因，检修后重新充装。

检查灭火器有无锈蚀或损坏，表面涂漆有无脱落，轻度脱落的应及时补好，有明显腐蚀的，应送专业维修部门进行检查。

4. 灭火器一经开启使用，必须按规定要求进行再充装，以备下次使用。

5. 每半年进行一次全面检查，检查内容如下：

检查贮气瓶的防腐层有无脱落、腐蚀，轻度脱落的

推车式水基型水雾灭火器

应及时补好，明显腐蚀的要送专业维修部门进行水压试验。

检查灭火器内水的重量是否符合要求，6 升的灭火器应装 6 公斤的水，9 升的灭火器应装 9 公斤的水，水量不够的要补足。

六、简易式灭火器

简易式灭火器是近几年开发的轻便型灭火器。它的特点是灭火剂充装量在 500 克以下，压力在 0.8 兆帕以下，而且是一次性使用，不能再充装的小型灭火器。

（一）分类

按充入的灭火剂类型分为：简易式水基型灭火器（水添加剂灭火器）；简易式干粉灭火器（也称轻便式干粉灭火器）；简易式空气泡沫灭火器（也称轻便式空气泡沫灭火器）。

（二）适用范围

简易式灭火器适用于家庭。

简易式干粉灭火器可以扑救液化石油气灶及钢瓶上角阀，或煤气灶等处的初起火灾，也能扑救炒锅起火和废纸篓等固体可燃物燃烧的火灾。

简易式空气泡沫灭火器适用于油锅、煤油炉、油灯和蜡烛等引起的初起火灾，也能对固体可燃物燃烧的初起火灾进行扑救。

简易式灭火器分为简易式水基型灭火器、简易式干粉灭火器和简易式空气泡沫灭火器，其适用范围与相应的灭火器相同

七、气溶胶灭火器

（一）采用全新技术的气溶胶灭火器

气溶胶灭火技术是新型的化学技术和纳米技术发展的结晶。具有操作简便、性能可靠、体积小巧、灭火效率高，无毒无害、绿色环保，免维护（无需年检），安全可靠（无贮存压力，无意外爆炸的风险）等显著特点。

（二）便携性、安全性和灭火能力上更胜传统灭火器

最新型气溶胶灭火器，把高效产气药剂和灭火粒子发生剂相结合，利用气溶胶药剂产生灭火气体的热力和动力使灭火粒子发生剂分解释放出高效灭火粒子。

高效产气药剂氧化还原反应产生的大量惰性气体将其

自身产生的灭火有效物质和新型灭火组合物受热分解产生的高效灭火介质共同从喷口喷出，灭火组合物又因为自身的升华过程、受热分解或相互间吸热化学反应充当了冷却剂的角色。

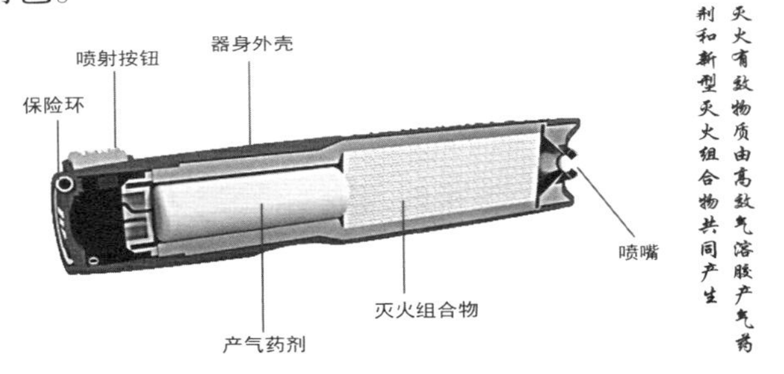

（三）适用范围

气溶胶灭火器广泛应用于工矿企业、商业宾馆、家居户外、图书馆、机房、厨房、汽车船艇、车库码头、加油站等各类场所。可用于扑灭 A 类（固体物质着火）、B 类（液体物质着火）、C 类（气体物质着火）、E 类（带电设备着火）及 F 类（食用油着火）的初起火灾。

（四）使用方法

使用时请拉开保险环，对准火源按下黄色按钮喷射；也可在按下按钮后将气溶胶灭火器丢入火源进行自动灭火。

拉开保险环，对准火源按下黄色按钮喷射；也可在按下按钮后将气溶胶灭火器丢入火源进行自动灭火

（五）注意事项

喷放过程中和喷放后几分钟内请勿用手触摸气溶胶灭火器的喷口，以免烫伤。灭火环境需相对密封，否则效果会大打折扣。

第五章　消防器材的配置

一、消防器材配置的一般原则

消防器材的配置应结合建筑物及其使用功能的火灾危险特性，针对存在的易燃易爆物品的特点进行合理配置。

（一）楼层配置

一般在住宅区内，多层建筑中每层楼的消防栓（箱）内均配置两瓶灭火器；高层和超高层建筑中每层楼放置的消防栓（箱）内应配置 4 瓶灭火器；每个消防栓（箱）内均配置 1 ～ 2 盘水带、1 支消防水枪及消防卷盘。

（二）值班室（岗亭）配置

值班室或每个保安岗亭均应配备一定数量的灭火器。在发生火灾时，值班人员应先就近使用灭火器扑救本责任区的初起火灾。

（三）机房配置

各类机房均应配备足够数量的消防器材，以保证机房及其设备发生火灾的应急处置。

（四）其他场所配置

其他场所配置消防器材应满足在发生火灾后，能在较短时间内迅速取用并扑灭初起火灾，以防止火势进一步扩大蔓延。

二、灭火器的选择

按照存在火灾风险的类型选配灭火器，更好达到“预防为主、防消结合”的目的。

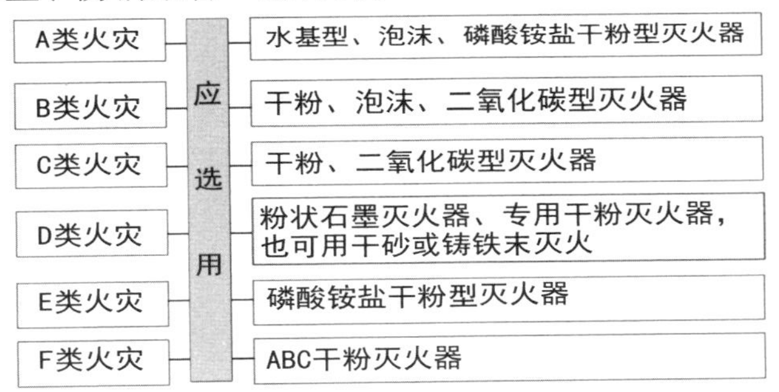

（一）扑救 A 类火灾，即固体物质燃烧的火灾

应选用水基型、泡沫、磷酸铵盐干粉型灭火器。固体物质往往具有有机物性质，一般在燃烧时能产生灼热的余烬，如木材、棉、毛、麻、纸张等。

（二）扑救 B 类火灾，即液体和可熔化的固体物质燃烧的火灾

应选用干粉、泡沫、二氧化碳型灭火器。汽油、煤油、原油、甲醇、乙醇、沥青等燃烧都属于 B 类火灾。

注意：化学泡沫灭火器不能扑灭“B类极性溶剂”火灾。因为化学泡沫与有机溶剂接触，泡沫会迅速被吸收消失，不能起到灭火的作用，醇、醛、酮、醚、酯等都属于极性溶剂。

（三）扑救C类火灾，即气体燃烧的火灾

应选用干粉、二氧化碳型灭火器。煤气、天燃气、甲烷、乙烷等燃烧都属于C类火灾。

（四）扑救D类火灾，即金属燃烧的火灾

可选择粉状石墨灭火器、专用干粉灭火器。国内常采用干砂或铸铁末灭火。金属钾、钠、镁、钛、铝镁合金等燃烧都属于D类火灾。

（五）扑救E类火灾，即带电物体燃烧的火灾

应选用磷酸铵盐型干粉灭火器。发电机房、变压器室、配电间、仪器仪表间和电子计算机房等在燃烧时不能及时或不宜断电的电气设备带电燃烧的火灾都属于E类火灾。

（六）扑救 F 类火灾，即烹饪器具内的烹饪物（动植物油脂）燃烧的火灾

应选用 ABC 干粉灭火器。

注意：油锅着火忌用水灭。使用二氧化碳灭火器只能暂时扑灭，易复燃，应采用窒息灭火方式隔绝氧气进行灭火。

三、消防器材的摆放要求

发生火灾，迅速遏制火势是最重要的。消防器材的摆放应便于使用和日常维护管理。

（一）设置要醒目

一旦发生火灾，人们很容易看到或找到。可以设置明显的提示性标志，甚至可以采取灯光或发光的指示标志，标明“灭火器设置点”，便于寻找。

（二）取用要方便

消防器材应当设置在便于取用的位置。手提式灭火器设置在挂钩、托架上或灭火器存放箱内时，不应放得过高、过低，或者锁闭在箱子内。

（三）位置要合适

灭火器不应设置在潮湿或有强腐蚀性的地点。消防器材的存放位置不应当占用或阻塞疏散通道，不得影响人员的安全疏散。

（四）存放要牢固

要确保安全，防止脱落损坏。推车式灭火器不要设置在斜坡或基础不牢固的地方，防止出现滑动。

（五）铭牌要朝外

消防器材的主要性能标识要清晰，便于识别灭火器的种类和使用方法，也便于日常检查、维护。

（六）环境要合适

灭火器的使用环境温度要求：一般为 4℃ ~55℃，干粉灭火器为 -10℃ ~55℃。

四、灭火器配置的一般原则

依据《建筑灭火器配置设计规范》(GB 50140-2005)，灭火器配置应遵循如下原则：

（一）在同一灭火器配置场所，宜选用类型和操作方法相同的灭火器。

（二）当同一灭火器配置场所存在不同火灾种类风险时，应当选配能够适合现场几类火灾的通用型灭火器。

（三）当在同一灭火器配置场所选用两种或两种以上类型的灭火器时，应采用灭火剂相容的灭火器。

（四）一个计算单元内配置的灭火器数量不得少于2具，每个设置点的灭火器数量不宜多于5具。

（五）灭火器应设置在位置明显、取用方便的位置，且不得影响安全疏散。

（六）对有视线阻碍的灭火器设置点，应设置指示灭火器位置的发光标识。

（七）灭火器的摆放应稳固，铭牌朝外。

（八）手提式灭火器宜设置在灭火器箱内或挂钩、托架上，其顶部离地面高度不大于1.5米；底部离地面高度不小于 0.08 米，灭火器箱不得上锁。

（九）灭火器不宜设置在潮湿或强腐蚀性的地点；当必须设置时，应有相应的保护措施。

（十）灭火器设置在室外时，应有相应的保护措施。

（十一)灭火器不得设置在超出其使用温度范围的地点。

第六章　消防器材的管理

一、消防器材的管理要点

（一）根据建筑物及其内部设备设施的火灾危险性特性，合理选配消防器材

（二）消防器材管理要做到：三勤、三定、一不准

1.三勤：勤检查、勤清洁、勤维护。

2.三定：定人保管、定位置存放、定期更换灭火剂。

3.一不准：不准将消防器材挪作他用。

（三）如遇火险、火警或火灾，使用消防器材后必须放归原处

（四）用过的灭火器必须重新灌装

二、灭火器的日常检查要点

（一）检查灭火器压力表指数

灭火器压力显示划分为三个区域：红色区域、绿色区域、黄色区域。

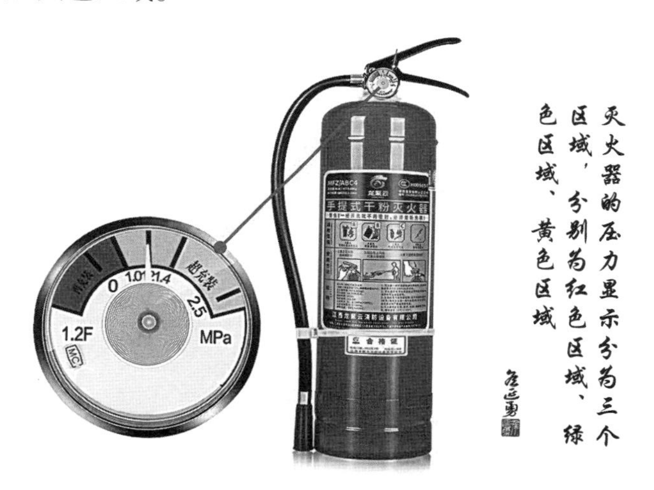

红色区域：表示灭火器内干粉压力较小，有无法喷出的可能或已经失效；

绿色区域：表示压力正常，灭火器可以正常使用；

黄色区域：表示灭火器内的压力过大，可以正常使用，但有爆破、爆炸的危险。

（二）检查灭火器瓶体

检查灭火器瓶体有无生锈、破裂和红色油漆是否破损。

（三）检查灭火器软管

检查灭火器软管是否有破裂和喷嘴是否完好。

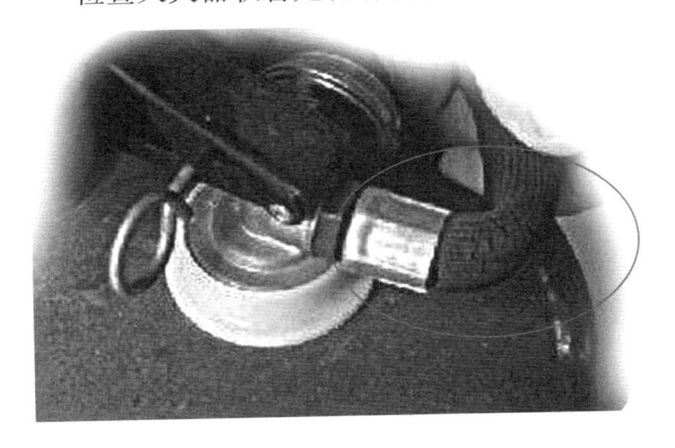

检查灭火器软管是否有破裂和喷嘴是否完好

（四）检查灭火器铅封和安全插销

检查灭火器的铅封和安全插销是否完好。

三、灭火器的定期检查方法

（一）干粉灭火器的定期检查方法

1．每半年卸下气瓶，称量储气瓶内二氧化碳的重量。灭火器二氧化碳储气瓶的泄漏量大于规定泄漏量时，应按规定充足。

2．检查操作部件是否灵活，筒体密封是否严密。

3．每年检查一次干粉是否吸湿结块（干粉受潮的烘干可继续使用），若有结块应及时更换。

4．检查灭火器的出粉管、喷嘴和喷枪等有无堵塞；出粉管防潮膜、喷嘴防潮堵有无破裂；发现堵塞应及时清理，防潮膜、防潮堵破裂应及时更换。

灭火器的定期检查是消防器材管理的重要内容，一旦发现灭火器失效，必须立即更换

（二）二氧化碳灭火器的定期检查方法

1．每半年检查内容：

一是检查喷嘴和喷射管道是否堵塞、腐蚀和损坏。

二是检查刚性连接式喷嘴是否能够绕其轴线回转，并可停留在任何位置。

三是推车式灭火器行驶机构是否灵活可靠，并加注润滑脂。

2．每年至少称量一次重量。二氧化碳灭火器的年泄漏量不得大于灭火剂规定的年泄漏量，超过规定泄漏量的应检修后按规定充装量重灌。

（三）泡沫灭火器的定期检查方法

泡沫灭火器每半年应拆开灭火器盖检查一次。

1．手提式灭火器检查滤网安装是否牢固，滤网是否堵塞。

2．检查灭火器盖的密封橡胶垫是否完好，装配有无错位现象。

3．检查瓶盖部件在向上扳起后，中轴是否能自动弹出。

4．推车式灭火器应检查行驶过程中有无药液渗出现象。

5. 检查瓶口密封圈是否腐蚀，喷枪、喷射软管及安全阀有无堵塞,行走机构是否灵活可靠,并在转动部位加注润滑脂。

6. 每年检查一次灭火剂，主要检查药液的发泡沫倍数和泡沫消失率是否符合规定的技术要求。

（四）水基型水雾灭火器的定期检查方法

水基型水雾灭火器每半年卸下器盖进行一次全面检查。

1. 检查储气瓶的防腐层有无脱落和锈蚀状况。轻度锈蚀的及时补好，明显锈蚀的送消防专业维修部门进行水压试验。

2. 称量储气瓶内二氧化碳的重量，若减少量超过规定值时，应进行修复充足。

3. 检查灭火器筒体有无明显锈蚀，有明显锈蚀的应送消防专业维修部门进行水压试验。

4. 检查灭火器操作机构是否灵活可靠。

5. 检查灭火器内水的重量是否符合规定，水量不够的补足，水量超过的排出。

6. 检查灭火器盖密封部位是否完好，喷嘴过滤装置是否堵塞。

各项要求合格者应按规定装配好。

四、灭火器的报废年限

（一）手提式灭火器的报废年限

灭火器从出厂日期算起，达到如下年限的，必须报废

手提式干粉灭火器（贮气瓶式）：8 年；

手提贮压式干粉灭火器：10 年；

手提式二氧化碳灭火器：12 年；

手提式化学泡沫灭火器：5 年；

手提式水基型水雾灭火器：6 年；

（二）推车式灭火器的报废年限

推车式化学泡沫灭火器：8 年；

推车式干粉灭火器（贮气瓶式）：10 年；

推车式贮压干粉灭火器：12 年；

推车式二氧化碳灭火器：12 年。

（三）报废灭火器或贮气瓶的处置方式

1. 在筒身或瓶体上打孔。

2. 贴上“报废”的明显标志。

内容如下：“报废”二字，字体最小为 25 × 25 毫米；报废年、月；维修单位名称；检验员签章。

严禁使用报废灭火器